LETTRE DE M. D. L. C. A M***.

Sur le ſort des Aſtronomes qui ont eu part aux dernieres meſures de la terre, depuis 1735.

Lettre de M. Godin des Odonais, & l'aventure tragique de Madame Godin *dans ſon voyage de la province de* Quito, *à* Cayenne, *par le fleuve des Amazones.*

A Etouilly, près Ham, en Picardie, 20 Oct. 1773.

Vous vous êtes intéreſſé, Monſieur, aux travaux de l'Académie des Sciences pour la meſure de la terre, & vous êtes curieux de ſavoir le ſort de tous ceux qui ont eu part à cet ouvrage dans des voyages au-delà des mers, depuis 1735. Je pourrois vous répondre par ce vers de Virgile:

Apparent rari nantes in gurgite vaſto.

Dans cette vaſte mer, échappés au nauffrage,
On voit quelques nochers ſe ſauver à la nage.

Nous partîmes de la Rochelle au mois de Mai 1735, munis des paſſe-ports de Sa Majeſté Catholique le Roi *Philippe V*, pour aller meſurer les degrés voiſins de l'équateur dans ſes Etats de l'Amérique méridionale. Nous étions trois Académiciens, M. *Godin*, M.

Bouguer & moi. Nous avions pour adjoints M. *Joſeph de Juſſieu*, Docteur-Régent de la Faculté de Paris, frere des deux Académiciens, & qui fut reçu à l'Académie pendant ſon abſence ; M. *Séniergues*, Chirurgien ; & pour nous aider dans nos opérations, M. *Verguin*, Ingénieur de la Marine, M. *de Morainville*, Deſſinateur pour l'Hiſtoire naturelle, M. *Couplet*, neveu de l'Académicien ; M. *Godin des Odonais*, qui fera le principal ſujet de cette lettre, & le ſieur *Hugo*, Horloger, Ingénieur en inſtrumens de mathématique ; nous nous joignîmes, à Carthagene d'Amérique, à deux Lieutenans de vaiſſeaux Eſpagnols, nommés par la Cour de Madrid, pour aſſiſter à nos obſervations.

L'année ſuivante M. *de Maupertuis*, chargé d'aller meſurer les degrés du méridien ſous le cercle polaire arctique, s'embarqua à Rouen avec MM. *Clairaut*, *Camus* & *le Monnier* le cadet, Académiciens, M. l'Abbé *Outhier*, M. *Celſius*, Aſtronome Suédois, & quelques autres aides.

En 1751, M. l'Abbé de la *Caille*, Académicien, partit pour le Cap *de* Bonne-Eſpérance, où le moindre de ſes travaux fut la meſure de deux degrés du méridien.

Des cinq voyageurs qui ont vu le cercle polaire, il ne reſte que M. le *Monnier*. L'Abbé de la *Caille* qui fit ſeul le voyage du Cap, & dont la ſanté paroiſſoit à toute épreuve, de retour à Paris, a été la victime de son zèle astronomique, en 1762; & un Académicien (1) plus jeune que lui, qui l'avoit pris pour modèle, a eu depuis le même sort en Californie en 1769.

Parmi mes compagnons de voyage à l'équateur, M. *Couplet*, le plus robuste, & l'un des plus jeunes, à peine arrivé à Quito, fut emporté en trois jours par une fievre maligne. J'ai rendu compte ailleurs de la fin tragique de notre Chirurgien (2). M. *Bouguer* est mort d'un abcès au foie en 1758; M. *Godin*, qui avoit passé au service d'Espagne, où il étoit Directeur de l'Académie des Gardes de la Marine à Cadix, plus jeune que M. *Bouguer*, ne lui a survécu que deux ans; M. de *Morainville*, resté dans la province de Quito, s'est tué en tombant d'un échafaud d'une Eglise qu'il bâtissoit à Cicalpa, près la ville de Riobamba. Il y a plus de quinze ans que je n'ai de nouvelles directes du sieur *Hugo* qui s'est marié à Quito. Je ne parle point ici de plusieurs de nos gens, tant blancs que noirs, péris dans le cours du voyage, deux desquels de mort violente.

Le Commandeur *Don George Juan*, l'ancien des deux Officiers Espagnols nos adjoints,

---

(1) M. l'Abbé *Chappe d'Auteroche*, mort en Californie quelques jours après son observation du passage de Venus sur le soleil en 1769.

(2) Lettre sur l'émeute populaire de Cuenca, Paris 1745.

Capitaine de vaiſſeaux du Roi à ſon retour, puis Commandant des Gardes de la Marine d'Eſpagne, Chef d'eſcadre & Ambaſſadeur à Maroc, plus jeune que la plupart de nous tous, vient de mourir à Madrid d'une apoplexie. Le Dr *Joſeph de Juſſieu*, long-tems retenu par l'Audience royale de Quito à cauſe de ſa profeſſion, & depuis par le Vice-Roi de Lima, eſt de retour à Paris depuis deux ans; il a perdu la mémoire comme autrefois le célèbre Dom *Mabillon*, qui la recouvra depuis. M. *de Juſſieu* n'a pas eu le même bonheur ; & je ne ſais ſi lui & moi pouvons à nous deux, être comptés pour un individu vivant. Une ſurdité qui a commencé en Amérique eſt devenue exceſſive, & depuis cinq ans j'ai perdu la ſenſibilité externe dans toutes les parties inférieures, dont je ne ſens l'exiſtence que par des douleurs internes dans les changemens de tems. Ainſi, des onze voyageurs de la zone torride, ſans parler des domeſtiques, on ne doit compter pour exiſtans aujourd'hui que M. *Verguin*, Ingénieur de Marine à Toulon, Don *Antonio de Ulloa*, Chef d'eſcadre dans la Marine d'Eſpagne, ancien Gouverneur de la Louiſianne (encore ne ſont-ils ni l'un ni l'autre exempts d'infirmités) & M. *Godin des Odonais* qui vient d'arriver à Paris après trent-huit ans d'abſence, & qui va me donner matiere à vous entretenir. J'ai reçu de lui, au mois d'Août dernier, la lettre ſuivante, ſur les inſtances que je lui avois faites, de me donner une relation du voyage de son épouse que j'ai connue dès son enfance, & des avantures de laquelle il ne m'étoit parvenu que des bruits vagues. Je crois ne pouvoir mieux faire que de vous envoyer une copie de la lettre de M. *des Odonais*. Vous verrez ce que peut le courage & la constance. Il n'y a point d'ame qui ne se sente attendrie au récit de l'horrible aventure d'une femme aimable élevée dans l'aisance, qui, par une suite d'événemens au-dessus de la prudence humaine, se trouve transportée dans des bois impénétrables, habités par des bêtes féroces & des reptiles dangereux, exposée à toutes les horreurs de la faim, de la soif & de la fatigue, qui erre dans ce désert pendant plusieurs jours, après avoir vû périr sept personnes, & qui échappe seule à tous ces dangers, d'une maniere qui tient du prodige. Vous verrez enfin tout ce que doit M. *Godin* à la munificence de Sa Majesté Portugaise, & aux Officiers chargés de ses ordres.

Sur les représentations de M. *Godin*, le Ministre bienfaisant (1), qui a dans son département les Académies, vient de lui obtenir de Sa Majesté une pension, qu'il a bien méritée par son zèle & ses travaux pendant nos opérations, & par un si long exil de sa patrie vers laquelle il n'a cessé de tourner ses regards.

---

(1) M. le Duc de la Vrilliere.

LETTRE DE M. GODIN DES ODONAIS, A M. DE LA CONDAMINE.

Saint-Amand, Berry, 28 Juillet 1773.

MONSIEUR,

Vous me demandez une relation du voyage de mon épouse par le fleuve des Amazones, la même route que j'ai suivie après vous. Les bruits confus qui vous sont parvenus des dangers auxquels elle s'est vue exposée, & dont elle seule de huit personnes est échapée, augmentent votre curiosité. J'avois résolu de n'en parler jamais, tant le souvenir m'en est douloureux; mais le titre de votre ancien compagnon de voyage, titre dont je me fais honneur, la part que vous prenez à ce qui nous regarde, & les marques d'amitié que vous me donnez, ne me permettent pas de refuser de vous satisfaire.

Nous débarquâmes à la Rochelle le 26 Juin dernier (1773), après soixante-cinq jours de traversée, ayant appareillé de Cayenne le 21 Avril. A notre arrivée je m'informai de vous; & j'appris avec déplaisir que vous n'étiez plus depuis quatre à cinq mois. Ma femme & moi vous donnâmes des larmes, que nous avons essuyées avec toute la joie possible, en reconnoissant qu'à la Rochelle, on lit moins les journaux littéraires & les nouvelles des Académies, que les gazettes de commerce. Recevez, Monsieur, notre félicitation, ainsi que Madame *de la Condamine*, à qui nous vous prions de faire agréer nos respects.

Vous vous souviendrez que la derniere fois que j'eus l'honneur de vous voir, en *1742*, lorsque vous partîtes de *Quito*, je vous dis que je comptois prendre la même route que vous alliez suivre, celle du fleuve des Amazones, soit par le desir que j'avois de connoître cette route, que pour procurer à mon épouse la voie la plus commode pour une femme, en lui épargnant un long voyage par terre dans un pays de montagnes où les mules sont l'unique voiture. Vous eûtes l'attention, dans le cours de votre navigation, de donner avis dans les missions Espagnoles & Portugaises établies sur ses bords, qu'un de vos camarades devoit vous suivre; & ils n'en avoient pas perdu le souvenir plusieurs années après votre départ. Mon épouse desiroit beaucoup de venir en France; mais ses grossesses fréquentes ne me permettoient pas de l'exposer, pendant les premieres années, aux fatigues d'un si long voyage. Sur la fin de 1748, je reçus la nouvelle de la mort de mon pere; & voyant qu'il m'étoit indispensable de mettre ordre à des affaires de famille, je résolus de me rendre à Cayenne seul en descendant le fleuve, & de tout disposer pour faire prendre commodément la même route à ma femme. Je partis en Mars 1749 de la province de Quito, laissant mon épouse grosse. J'arrivai en Avril 1750 à Cayenne. J'écrivis aussi-tôt à M. *Rouillé*, alors Miniſtre de la Marine, & le priai de m'obtenir des paſſe-ports & des recommandations de la Cour de Portugal, pour remonter l'Amazone, aller chercher ma famille, & l'amener par la même route. Un autre que vous, Monſieur, ſeroit ſurpris que j'aie entrepris ſi leſtement un voyage de quinze cents lieues, uniquement pour en préparer un autre; mais vous ſavez que dans ce pays-là les voyages exigent moins d'appareil qu'en Europe. Ceux que j'avois faits depuis douze ans, en reconnoiſſant le terrein de la méridienne de Quito, en poſant des ſignaux ſur les plus hautes montagnes, en allant & revenant de Carthagene, m'avoient aguerri. Je profitai de cette occaſion pour envoyer pluſieurs morceaux d'hiſtoire naturelle au jardin du cabinet du Roi, entre autres la graine de *ſalſe-pareille*, la *butua* dans ſes cinq eſpèces, & une grammaire imprimée à *Lima*, de la langue des *Incas*, dont je faiſois préſent à M. *de Buffon*, de qui je n'ai reçu aucune réponſe. Par celle dont M. *Rouillé* m'honora, j'appris que Sa Majeſté trouvoit bon que MM. les Gouverneur & Intendant de Cayenne me donnaſſent des recommandations pour le gouvernement du Para. Je vous écrivis alors, Monſieur; & vous eûtes la bonté de ſolliciter mes paſſe-ports. Vous m'envoyâtes auſſi une lettre de recommandation de M. le Commandeur de *la Cerda*, Miniſtre de Portugal en France, pour le Gouverneur du Para, & une lettre de M. l'Abbé *de la Ville* qui vous marquoit que mes paſſe-ports étoient expédiés à Liſbonne, & envoyés au Para. J'en demandai des nouvelles au Gouverneur de cette place, qui me répondit n'en avoir aucune connoiſſance. Je répétai mes lettres à M. *Rouillé*, qui ne ſe trouva plus dans le miniſtere. Depuis ce tems j'ai ſollicité quatre, cinq & ſix fois chaque année pour avoir les paſſe-ports, & toujours infructueuſement. Pluſieurs de mes lettres ont été perdues ou interceptées pendant la guerre. Je n'en puis douter, puisque vous avez cessé de recevoir les miennes, quoique j'aie continué de vous écrire. Enfin ayant oui dire que M. le Comte *d'Hérouville* avoit la confiance de M. le Duc de *Choiseul*, je m'avisai, en 1765, d'écrire au premier sans avoir l'honneur d'en être connu. Je lui marquois en peu de mots qui j'étois, & le suppliois d'intercéder pour moi auprès de M. de *Choiseul* au sujet des passeports. Je ne puis attribuer qu'aux bontés de ce Seigneur le succès de ma démarche, puisque le dixieme mois, à compter de la date de ma lettre à M. le Comte *d'Hérouville*, je vis arriver à Cayenne une galiote pontée, armée au Para par ordre du Roi de Portugal, avec un équipage de trente rameurs, & commandée par un Capitaine de la garnison de Para, chargé de m'y conduire, & du Para, en remontant le fleuve, jusqu'au premier établissement Espagnol, pour y attendre mon retour & me ramener à Cayenne avec ma famille : le tout aux frais de Sa Majesté Très-Fidèle : générosité vraiment royale & peu commune même parmi les Souverains. Nous partîmes de Cayenne les derniers jours de Novembre 1765, pour aller prendre mes effets à Oyapok (1), où je résidois. Je tombai malade, & même assez dangereusement. M. de *Rebello*, Chevalier de l'Ordre de Christ, & Commandant de la galiotte, eut la complaisance de m'attendre six semaines. Voyant enfin que je n'étois pas en état de m'embarquer, & craignant d'abuser de la patience de cet Officier, je le priai de se mettre en chemin, en me permettant d'embarquer quelqu'un, que je chargerois de mes lettres & de tenir ma place pour soigner ma famille au retour. Je jettai les yeux sur *Tristan d'O-*

(1) Fort sur la riviere de même nom à trente lieues au Sud de la ville de Cayenne

reasaval que je connoissois depuis long-tems, & que je crus propre à remplir mes vues. Le paquet dont je le chargeois contenoit des ordres du Pere Général des Jésuites au Provincial de Quito & au Supérieur des Missions de Maïnas, de faire fournir les canots & équipages nécessaires pour le voyage de mon épouse. La commission dont je chargeois *Tristan* étoit uniquement de porter ces lettres au Supérieur résident à la Laguna, chef-lieu des missions Espagnoles de Maïnas, que je priois de faire tenir mes lettres à Riobamba, afin que mon épouse fût avertie de l'armement fait par ordre du Roi de Portugal, à la recommandation du Roi de France, pour la conduire à Cayenne. *Tristan* n'avoit d'autre chose à faire, sinon d'attendre à la Laguna la réponse de *Riobamba*. Il partit du poste d'Oyapok sur le bâtiment Portugais le 24 Janvier 1766. Il arriva à Loreto, premier établissement Espagnol dans le haut du fleuve au mois de Juillet ou d'Août de la même année. Loreto est une mission nouvellement fondée au-dessous de celle de Pévas, & qui ne l'étoit pas encore lorsque vous descendîtes la riviere en 1743, ni même lorsque je suivis la même route en 1749, non plus que la mission de Tavatinga que les Portugais ont aussi depuis fondée au-dessus de celle de San-Pablo, qui étoit leur dernier établissement en remontant. Pour mieux entendre ceci, il seroit bon d'avoir sous les yeux la carte que vous avez levée du cours de l'Amazone, ou celle de la province de Quito, insérée dans votre journal historique du voyage à l'équateur. L'Officier Portugais, M. *de Rebello*, après avoir débarqué *Tristan* à Loréto, revint à *Tavatinga*, suivant les ordres qu'il avoit reçus d'y attendre l'arrivée de Mad. Godin; & *Tristan*, au lieu de se rendre à *la Laguna*, chef-lieu des missions Espagnoles, & d'y remettre mes lettres au Supérieur, ayant rencontré à Loréto un missionnaire Jésuite Espagnol nommé le Pere *Yesquen* qui retournoit à Quito, lui remit le paquet de lettres par une bévue impardonnable, & qui a toute l'apparence de la mauvaise volonté. Le paquet étoit adressé à *la Laguna*, à quelques journées de distance du lieu où se trouvoit *Tristan*: il l'envoie à près de cinq cents lieues plus loin, au-delà de la Cordelière (1), & il reste dans les missions Portugaises à faire le commerce.

Remarquez qu'outre divers effets dont je l'avois chargé pour m'en procurer le débit, je lui avois remis plus que suffisamment de quoi subvenir aux dépenses du voyage dans les missions d'Espagne.

Malgré sa mauvaise manœuvre, un bruit vague se répandit dans la province de Quito & parvint jusqu'à Mad. *Godin*, qu'il étoit venu non-seulement des lettres pour elle, qui avoient été remises à un Père Jésuite, mais qu'il étoit arrivé dans les missions les plus hautes de Portugal une barque armée par ordre de Sa Majesté Portugaise pour la transporter à Cayenne. Son frère Religieux de Saint Augustin, conjointement avec le Père *Térol*, Provincial de l'Ordre de Saint Dominique, firent de grandes instances au Provincial des Jésuites pour recouvrer ces lettres. Le Jésuite comparut, & dit les avoir remises à un autre; celui-ci se disculpa de la même maniere, sur ce qu'il en avoit chargé un troisieme; mais quelques diligences qu'on pût faire, le paquet n'a jamais paru. Je vous laisse à penser l'inquiétude où se trouva ma femme, sans savoir le parti qu'elle avoit à prendre. On parloit diversement dans le pays de cet armement; les uns y ajoutoient foi, les autres doutoient de sa réalité. Se déterminer à faire une si

(1) La chaîne des hautes montagnes connues sous le nom de Cordeliere des Andes, qui traverse toute l'Amérique méridionale du Nord au Sud.

longue route, arranger en conséquence ses affaires domestiques, vendre les meubles d'une maison, sans aucune certitude; c'étoit mettre tout au hasard. Enfin, pour savoir à quoi s'en tenir, Mad. *Godin* résolut d'envoyer aux missions un Nègre d'une fidélité éprouvée. Le Nègre part avec quelques Indiens de compagnie; & après avoir fait une partie du chemin, il est arrêté & obligé de revenir chez sa maîtresse, qui l'expédia une seconde fois avec de nouveaux ordres & de plus grandes précautions. Le Nègre retourne, surmonte les obstacles, arrive à Loréto, voit *Tristan* & lui parle; il revient avec la nouvelle que l'armement du Roi de Portugal étoit certain, & que *Tristan* étoit à Loréto. Madame *Godin* se détermina pours lors à se mettre en chemin; elle vendit ce qu'elle put de ses meubles, laissa le reste, ainsi que sa maison de Riobamba, le jardin & terres de Guaslen; un autre bien entre Galté & Maguazo à son beau-frere. On peut juger du long tems qui s'écoula depuis le mois de Septembre 1766 que les lettres furent remises au Jésuite, par le tems qu'éxigerent le voyage de ce Pere à Quito, les recherches pour retrouver le paquet passé de main en main, l'éclaircissement des bruits répandus dans la province de Quito & parvenus à Madame *Godin* à Riobamba, ses incertitudes, les deux voyages de son Nègre à Loréto, son retour à Riobamba, la vente des effets d'une maison & les préparatifs d'un si long voyage; aussi ne put-elle partir de Riobamba, quarante lieues au Sud de Quito, que le premier Octobre 1769.

Le bruit de l'armement Portugais s'étoit entendu jusqu'à Guayaquil & sur les bords de la mer du Sud, puisque le sieur R. soi-disant Médecin François, qui revenoit du haut Pérou & alloit à Panama ou Porto-Belo chercher un embarquement, pour passer à Saint-Domingue ou à la Martinique, ou du moins à *la Havanne*, & de-là en Europe, ayant fait échelle dans le golfe de *Guayaquil* à la pointe Sainte-Helenne, apprit qu'une Dame de *Riobamba* se disposoit à partir pour le fleuve des Amazonnes, & s'y embarquer sur un bâtiment armé par ordre du Roi de Portugal pour la conduire à Cayenne. Il changea aussi-tôt de route, monta la riviere de Guayaquil, & vint à Riobamba demander à Madame *Godin* qu'elle voulût bien lui accorder passage, lui promettant qu'il veilleroit sur sa santé, & auroit pour elle toutes sortes d'attentions. Elle lui répondit d'abord qu'elle ne pouvoit pas disposer du bâtiment qui étoit venu la chercher. Le sieur R. eut recours aux deux frères de Madame *Godin*, qui firent tant d'instances à leur sœur, en lui représentant qu'un Médecin pouvoit lui être utile dans une si longue route, qu'elle consentit à l'admettre dans sa compagnie. Ses deux frères, qui partoient aussi pour l'Europe, ne balancerent pas à suivre leur sœur pour se rendre plus promptement, l'un à Rome où les affaires de son Ordre l'appelloient, l'autre en Espagne pour ses affaires particulieres. Celui-ci amenoit un fils de neuf à dix ans qu'il vouloit faire élever en France. M. de *Grandmaison* mon beau-peré avoit déjà pris les devants pour tout disposer sur la route de sa fille, jusqu'au lieu de l'embarquement au-delà de la grande Cordelière. Il trouva d'abord des difficultés de la part du Président & Capitaine général de la province de Quito. Vous savez, Monsieur, que la voie de l'Amazone est défendue par le Roi d'Espagne; mais ces difficultés furent bientôt levées. J'avois apporté à mon retour de Carthagène, où j'avois été envoyé en 1740 pour les affaires de notre compagnie, un passe-port du Vice-Roi de Santa-Fé, Don *Sebastien de Eslava*, qui nous laissoit la liberté de prendre la route qui nous paroîtroit la plus convenable; aussi le Gouverneur Espagnol de la province de Maynas & d'Omagnas, prévenu de l'arrivée de mon épouſe, eut la politeſſe d'envoyer à ſa rencontre un canot avec des rafraîchiſſemens, comme fruits, laitage, &c. qui l'atteignit à peu de diſtance de la peuplade d'Omagnas; mais quelles traverſes, quelles horreurs devoient précéder cet heureux moment! Elle partit de Riobamba, lieu de ſa reſidence, avec ſon eſcorte, le premier Octobre 1769; ils arriverent à Canclos lieu de l'embarquement ſur la petite riviere de Bobonaſa qui tombe dans celle de Paſtaſa, & celle-ci dans l'Amazone. M. de *Grandmaiſon* qui les avoit précédés d'environ un mois, avoit trouvé le village de Canélos peuplé de ſes habitans, & s'étoit auſſi-tôt embarqué pour continuer ſa route & prévenir des équipages à l'arrivée de ſa fille dans tous les lieux de ſon paſſage. Comme il la ſavoit bien accompagnée de ſes frères, d'un Médecin, de ſon Nègre & de trois domeſtiques Mulâtreſſes ou Indiennes, il avoit continué ſa route juſqu'aux miſſions Portugaiſes. Dans cet intervalle une épidémie de petite vérole, maladie que les Européens ont portée en Amérique, & plus funeſte aux Indiens que la peſte, qu'ils ne connoiſſent pas, ne l'eſt au levant, avoit fait déſerter tous les habitans du village de Canélos qui avoient vu mourir ceux que ce mal avoit attaqué les premiers; les autres s'étoient diſperſés au loin dans les bois, où chacun d'eux avoit ſon abatis; c'eſt leur maiſon de campagne. Ma femme étoit partie avec une eſcorte de trente-un Indiens pour la porter elle & ſon bagage. Vous ſavez que ce chemin, le même qu'avoit pris Don *Pedro Maldonado*, auſſi parti de Riobamba pour ſe rendre à *la Laguna*, où vous vous étiez donné rendez-vous; que ce chemin, dis-je, n'eſt pas praticable même pour des mulets; que les hommes en état de marcher le font à pied, & que les autres ſe font porter. Les Indiens que Madame *Godin* avoit amenés & qui étoient payés d'avance, suivant la mauvaise coutume du pays, à laquelle la méfiance, quelquefois bien fondée, de ces malheureux, a donné lieu, à peine arrivés à Canélos, retournent sur leurs pas, soit par la crainte du mauvais air, soit de peur qu'on ne les obligeât de s'embarquer, eux qui n'avoient jamais vu un canot que de loin. Il ne faut pas même chercher de si bonnes raisons pour leur désertion; vous savez, Monsieur, combien de fois ils nous ont abandonnés sur nos montagnes, sans le moindre prétexte, pendant le cours de nos opérations. Quel parti pouvoit prendre ma femme en cette circonstance? Quand il lui eût été possible de rebrousser chemin, le desir d'aller joindre cette barque disposée pour la recevoir par ordre de deux Souverains, celui de revoir un époux après vingt ans d'absence, lui firent braver tous les obstacles dans l'extrêmité où elle se voyoit réduite.

Il ne restoit dans le village que deux Indiens échappés à la contagion; ils étoient sans canot. Ils promirent de lui en faire un, & de la conduire à la mission d'Andoas, environ douze journées plus bas en descendant la riviere de Bobonaza, distance qu'on peut estimer de cent quarante à cent cinquante lieues; elle les paya d'avance; le canot achevé ils partent tous de Canélos, ils naviguent deux jours; on s'arrête pour passer la nuit. Le lendemain matin les deux Indiens avoient disparu; la troupe infortunée se rembarque sans guide, & la premiere journée se passe sans accident. Le lendemain, sur le midi, ils rencontrent un canot arrêté dans un petit port voisin d'un carbet (1); ils trouvent un Indien convalescent

(1) C'est le nom que l'on donne dans nos colonies des isles & en Canada aux feuillées qui servent d'habitations aux sauvages & d'abri aux voyageurs; les Espagnols leur donnent le nom de *Ranche*.

qui

qui consentit d'aller avec eux, & de tenir le gouvernail. Le troisième jour, voulant ramasser le chapeau du sieur R.... qui étoit tombé à l'eau, l'Indien y tombe lui-même; il n'a pas la force de gagner le bord & se noie. Voilà le canot dénué de gouvernail, & conduit par des gens qui ignoroient la moindre manœuvre; aussi fut-il bientôt inondé; ce qui les obligea de mettre à terre & d'y faire un carbet. Ils n'étoient plus qu'à cinq ou six journées d'*Andoas*. Le sieur *R*..... s'offrit à y aller, & partit avec un autre François de sa compagnie, & le fidele Nègre de Madame *Godin* qu'elle leur donna pour les aider; le sieur R.... eut grand soin d'emporter ses effets. J'ai reproché depuis à mon épouse de n'avoir pas envoyé aussi un de ses frères avec le sieur *R*...., chercher du secours à Andoas; elle m'a répondu que ni l'un ni l'autre n'avoient voulu se rembarquer dans le canot après l'accident qui leur étoit arrivé. Le sieur *R*.... avoit promis, en partant, à Madame Godin & à ses freres, que sous quinze jours ils recevroient un canot & des Indiens. Au lieu de quinze, ils en attendirent vingt-cinq, & ayant perdu l'espérance à cet égard, ils firent un radeau sur lequel ils se mirent avec quelques vivres & effets. Ce radeau mal conduit aussi, heurta contre une branche submergée & tourna: effets perdus, & tout le monde à l'eau. Personne ne périt graces au peu de largeur de la rivière en cet endroit. Madame Godin, après avoir plongé deux fois, fut sauvée par ses frères. Réduits à une situation plus triste encore que la première, ils résolurent tous de suivre à pied le bord de la rivière. Quelle entreprise! Vous savez, Monsieur, que les bords de ces rivières sont garnis d'un bois fourré d'herbes, de lianes & d'arbustes, où l'on ne peut se faire jour que la serpe à la main, en perdant beaucoup de tems. Ils retournent à leur carbet, prennent les vivres qu'ils y avoient laiſſés, & ſe mettent en route à pied. Ils s'apperçoivent, en ſuivant le bord de la rivière, que ſes ſinuoſités alongent beaucoup leur chemin; ils entrent dans le bois pour les éviter, & peu de jours après ils s'y perdent. Fatigués de tant de marches dans l'âpreté d'un bois ſi incommode pour ceux mêmes qui y ſont faits, bleſſés aux pieds par les ronces & les épines, leurs vivres finis, preſſés par la ſoif, ils n'avoient d'autre reſſource que quelques graines, fruits ſauvages, & choux palmiſtes. Enfin épuiſés par la faim, l'altération, la laſſitude, les forces leur manquent, ils ſuccombent, ils s'aſſeyent, & ne peuvent plus ſe relever. Là ils attendent leurs derniers momens; en trois ou quatre jours ils expirent l'un après l'autre. Madame Godin, étendue à côté de ſes freres & de ces autres cadavres, reſta deux fois vingt-quatre heures étourdie, égarée, anéantie, & cependant tourmentée d'une ſoif ardente. Enfin la Providence qui vouloit la conſerver, lui donna le courage & la force de ſe traîner & d'aller chercher le ſalut qui l'attendoit. Elle ſe trouvoit ſans chauſſure, demi-nue : deux mantilles & une chemiſe en lambeaux par les ronces la couvroient à peine: elle coupa les ſouliers de ſes frères, & s'en attacha les ſemelles aux pieds. Ce fut à peu près du 25 au 30 Décembre 1769 que cette troupe infortunée périt au nombre de ſept. J'en juge par des dates poſtérieures bien conſtatées; & ſur ce que la ſeule victime échappée à la mort m'a dit que ce fut huit à neuf jours après avoir quitté le lieu où elle avoit vu ſes frères & ſes domeſtiques rendre les derniers ſoupirs, qu'elle parvint au bord du Bobonaſa. Il eſt fort vraiſemblable que ce tems lui parut très-long. Comment, dans cet état d'épuiſement & de diſette, une femme délicatement élevée, réduite à cette extrêmité, put-elle conſerver ſa vie, ne fût-ce que quatre jours ? Elle m'a aſſuré qu'elle a été ſeule dans le bois dix jours, dont deux à côté de ses frères morts, attendant elle-même son dernier moment; & les autres huit à se traîner errant çà & là. Le souvenir du long & affreux spectacle dont elle avoit été témoin, l'horreur de la solitude & de la nuit dans un désert, la frayeur de la mort toujours présente à ses yeux, frayeur que chaque instant devoit redoubler, firent sur elle une telle impression que ses cheveux blanchirent. Le deuxieme jour de sa marche, qui ne pouvoit pas être considérable, elle trouva de l'eau, & les jours suivans quelques fruits sauvages & quelques œufs verds qu'elle ne connoissoit pas, mais que j'ai reconnus par la description qu'elle m'en a faite pour des œufs d'une espece de perdrix (1). A peine elle pouvoit avaler, tant l'œzophage s'étoit retréci par la privation des alimens. Ceux que le hasard lui faisoit rencontrer suffirent pour substenter son squelette. Il étoit tems que le secours qui lui étoit réservé parût.

Si vous lisiez dans un roman qu'une femme délicate, accoutumée à jouir de toutes les commodités de la vie, précipitée dans une riviere, retirée à demi noyée, s'enfonce dans un bois elle huitième, sans route, & y marche plusieurs semaines, se perd; souffre la faim, la soif, la fatigue jusqu'à l'épuisement, voit expirer ses deux frères beaucoup plus robustes qu'elle, un neveu à peine sorti de l'enfance, trois jeunes femmes, ses domestiques, un jeune valet du mèdecin qui avoit pris les devants; qu'elle survit à cette catastrophe; que restée seule deux jours & deux nuits entre ces cadavres, dans des cantons où abondent les tigres & beaucoup de serpens très-dangereux (2), sans avoir jamais rencontré un

(1) C'est du moins le nom que donnent les Espagnols à ce gibier assez commun dans les pays chauds d'Amérique.

(2) J'ai vu dans ces quartiers des onces, sorte de tigre noir,

seul de ces animaux; qu'elle se relève, se remet en chemin couverte de lambeaux, errante dans un bois sans route, jusqu'au huitième jour qu'elle se retrouva sur le bord du Bobonosa; vous accuseriez l'auteur du roman de manquer à la vraisemblance; mais un historien ne doit à son lecteur que la simple vérité. Elle est attestée par les lettres originales que j'ai entre les mains de plusieurs Missionnaires de l'Amazonne, qui ont pris part à ce triste événement dont je n'ai eu d'ailleurs que trop de preuves, comme vous le verrez par la suite de ce récit. Ces malheurs ne seroient point arrivés, si *Tristan* n'eût pas été un commissionnaire infidèle; si, au lieu de s'arrêter à Loréto, il avoit porté mes lettres au Supérieur à la Laguna, mon épouse eût trouvé, comme son pere, le village de Canélos peuplé d'Indiens, & un canot prêt pour continuer sa route.

Ce fut donc le huit ou neuvième jour, suivant le compte de Madame *Godin*, qu'après avoir quitté le lieu de la scène funeste, elle se retrouva sur les bords du Bobonosa. A la pointe du jour elle entendit du bruit à environ deux cents pas d'elle. Un premier mouvement de frayeur la fit d'abord se renfoncer dans le bois; mais faisant réflexion que rien ne pouvoit lui arriver de pis que son état actuel, & qu'elle n'avoit par conséquent rien à craindre, elle gagna le bord, & vit deux Indiens qui poussoient un canot à l'eau. Il est d'usage lorsqu'on met à terre pour faire nuit, d'échouer en tout ou partie les canots, pour éviter les accidens; & en effet un canot à flot pendant la nuit & dont l'amarre casseroit, s'en iroit à la dérive; & que deviendroient ceux qui dorment

---

la plus féroce; il y a aussi en serpens des especes les plus venimeuses, telle que le serpent à *sonnette*, celui que les Espagnols nomment *Coral*, & le fameux *Balalao*, qu'on nomme à *Cayenne*, *serpent grage*.

tranquillement à terre ? Les Indiens apperçurent de leur côté Madame *Godin*, & vinrent à elle. Elle les conjura de la conduire à Andoas. Ces Indiens, retirés depuis long-tems de Canelos avec leurs femmes pour fuir la contagion de la petite vérole, venoient d'un abattis qu'ils avoient au loin, & descendoient à Andoas. Ils reçurent mon épouse avec des témoignages d'affection, la soignèrent & la conduisirent à ce village. Elle auroit pu s'y arrêter quelques jours, pour se reposer, & l'on peut juger qu'elle en avoit grand besoin ; mais indignée du procédé du Missionnaire à la merci duquel elle se trouvoit livrée, & avec lequel, pour cette raison même, elle se vit obligée de dissimuler, elle ne voulut pas prolonger son séjour à Andoas, & n'y eût pas même passé la nuit, si cela eût dépendu d'elle.

Il venoit d'arriver une grande révolution dans les missions de l'Amérique Espagnole dépendantes de Lima, de Quito, de Charcas, & du Paraguai, desservies & fondées par les Jésuites depuis un & deux siecles. Un ordre imprévu de la Cour de Madrid les avoit expulsés de tous leurs colléges & de leurs missions. Ils avoient tous été arrêtés, embarqués & envoyés dans les Etats du Pape. Cet événement n'avoit pas causé plus de trouble quen'eût fait le changement d'un Vicaire de village. Les Jésuites avoient été remplacés par des prêtres séculiers. Tel étoit celui qui remplissoit les fonctions de Missionnaire à Andoas, & dont je cherche à oublier le nom. Madame *Godin* dénuée de tout, & ne sachant comment témoigner sa reconnoissance aux deux Indiens qui lui avoient sauvé la vie, se souvint qu'elle avoit au col, suivant l'usage du pays, deux chaînes d'or du poids d'environ quatre onces ; elle en donna une à chaque Indien, qui crut voir les cieux ouverts ; mais le Missionnaire, en sa présence même, s'empara des deux chaînes, & les remplaça en donnant aux Indiens trois ou quatre aunes de cette grosse toile de coton fort claire,que vous savez qui se fabrique dans le pays, & qu'on nomme *Tucuyo.* Ma femme fut si irritée de cette inhumanité, qu'elle demanda à l'instant même un canot & un équipage, & partit dès le lendemain pour la Laguna. Une Indienne d'Andoas lui fit un jupon de coton, qu'elle envoya payer dès qu'elle fut arrrivée à la Laguna, & qu'elle conserve précieusement, ainsi que les semelles des souliers de ses frères dont elle s'étoit fait des sandales : triste monument qui m'est devenu cher ainsi qu'à elle.

Pendant qu'elle erroit dans les bois, son fidèle Nègre remontoit la rivière avec les Indiens d'Andoas, qu'il amenoit à son secours. Le sieur *R....*, plus occupé de ses affaires personnelles que de presser l'expédition du canot qui devoit rendre la vie à ses bienfaiteurs, à peine arrivé à Andoas, en étoit parti avec son camarade & son bagage, & s'étoit rendu à Omaguas. Le Nègre arrivé au carbet où il avoit laissé sa maitresse & ses freres, suivit leur trace dans les bois,avec les Indiens du canot jusqu'à la rencontre des corps morts déjà infects & méconnoissables. A cet aspect, persuadés qu'aucun n'avoit échappé à la mort, le Nègre & les Indiens reprirent le chemin du carbet, recueillirent tout ce qu'on y avoit laissé, & revinrent à Andoas avant que ma femme y fût arrivée. Le Nègre, à qui il ne restoit plus de doute sur la mort de sa maîtresse, alla trouver le sieur *R....* à Omaguas, & lui remit tous les effets dont il s'étoit chargé. Celui-ci n'ignoroit pas que M. de *Grandmaison*, arrivé à Loréto, y attendoit ses enfans avec impatience. Une lettre de *Tristan* que j'ai entre les mains prouve même que mon beau-père, informé de l'arrivée du Nègre *Joachim*, recommandoit à *Tristan* de l'aller chercher & de le lui amener; mais ni *Tristan* ni le sieur *R....* ne jugèrent pas à propos de satisfaire mon beau-pere ; & loin de se conformer à son desir, le sieur ...., de son autorité, renvoya le Negre à Quito, en gardant les effets qu'il avoit rapportés.

Vous savez, Monsieur, que la Laguna n'est pas située sur le bord de l'Amazone, mais à quelques lieues en remontant le *Guallaga*, l'une des rivieres qui grossissent ce fleuve de leurs eaux. *Joachim* congédié par le sieur *R.* ...., n'eut garde d'aller rechercher à la *Laguna* sa maîtresse qu'il croyoit morte. Il retourna droit à *Quito ;* ce Negre est perdu pour elle & pour moi. Vous n'imagineriez pas quelle raison m'a depuis alléguée le sieur *R.*.... pour se disculper d'avoir renvoyé un domestique fidèle & qui nous étoit si nécessaire. « Je craignois, me dit-il, » qu'il ne m'assassinât ». Qui pouvoit, lui répliquai-je, vous donner un tel soupçon d'un homme dont vous connoissiez le zèle & la fidélité, & qui avoit navigué avec vous pendant long-tems ? Si vous craigniez qu'il ne vous vît de mauvais œil, & qu'il ne vous imputât la mort de sa maîtresse, que ne l'envoyiez-vous à M. de *Grandmaison* qui le réclamoit & qui n'étoit pas loin de vous ? Que ne le faisiez-vous au moins mettre aux fers ? Vous étiez chez le Gouverneur d'Omaguas qui vous auroit prêté main-forte. J'ai de tout cela un certificat de M. *d'Albanel*, Commandant d'Oyapok, en présence de qui je fis ces reproches au sieur *R.* ...., & ce certificat est légalisé par le Juge de Cayenne.

Pendant ce tems Madame *Godin*, avec le canot & les Indiens d'*Andoas*, étoit arrivée à la *Laguna* où elle fut reçue avec toute l'affabilité possible par le Docteur *Roméro*, nouveau Supérieur des missions, qui, par ses bons traitemens pendant environ six semaines qu'elle y séjourna, n'oublia rien pour rétablir sa santé fort altérée, & pour la distraire du souvenir de ses malheurs. Le premier soin du Docteur *Romero* fut de dépêcher un Exprès au Gouverneur d'Omagnas ; pour lui donner avis de l'arrivée de Madame *Godin*, & de l'état de langueur où elle se trouvoit. Sur cette nouvelle le sieur *R*..., qui lui avoit promis tous ses soins, ne put se dispenser de la venir trouver, & lui rapporta quatre assiettes d'argent, un pot à boire, une jupe de velours, une de Persienne, une autre de taffetas, quelque linge & nipes tant à elle qu'à ses freres, en ajoutant que tout le reste étoit pourri. Il oublioit que des bracelets d'or, que des tabatieres, des reliquaires d'or, & des pendans d'oreilles d'émeraudes ne pourrissent point, non plus que d'autres effets de cette nature ou qui sont dans le même cas. Si vous m'aviez ramené mon Nègre, ajouta Madame *Godin*, je saurois de lui ce qu'il a fait des effets qu'il a dû trouver dans le carbet. A qui voulez-vous que j'en demande compte ? Allez, Monsieur, il ne m'est pas possible d'oublier que vous êtes l'auteur de mes malheurs & de mes pertes ; prenez votre parti, je ne puis plus vous garder en ma compagnie. Mon épouse n'étoit que trop bien fondée ; mais les instances de M. *Roméro*, à qui elle n'avoit rien à refuser, & qui lui représenta que si elle abandonnoit le sieur *R*.... il ne sauroit que devenir, triompherent de sa répugnance, & elle consentit enfin à permettre au sieur *R*.... de la suivre.

Quand Madame *Godin* fut un peu rétablie, M. *Roméro* écrivit à M. de *Grandmaison* qu'elle étoit hors de danger, qu'il eût à lui envoyer *Tristan* pour la conduire à bord de la barque de Portugal. Il écrivit aussi au Gouverneur qu'il avoit représenté à Madame *Godin*, dont il louoit le courage & la piété, qu'elle ne faisoit que de commencer un long & pénible voyage, quoiqu'elle eût déjà fait quatre cents lieues & plus, qu'il lui en restoit quatre ou cinq fois autant jusqu'à Cayenne ; qu'à peine échappée à la mort, elle alloit s'exposer à de nouveaux risques ;

qu'il lui avoit offert de la faire reconduire en toute ſûreté à Riobamba ſa réſidence ; mais qu'elle lui avoit répondu qu'elle étoit étonnée de la propoſition qu'il lui faiſoit ; que Dieu l'avoit préſervée ſeule des périls où tous les ſiens avoient ſuccombé ; qu'elle n'avoit d'autre deſir que de joindre ſon mari ; qu'elle ne s'étoit miſe en route qu'à cette intention, & qu'elle croiroit contrarier les vues de la Providence, en rendant inutile l'aſſiſtance qu'elle avoit reçue de ſes deux chers Indiens & de leurs femmes, ainſi que tous les ſecours que lui-même, M. *Romero*, lui avoit prodigués ; qu'elle leur devoit la vie à tous, & que Dieu ſeul pouvoit les récompenſer. Ma femme m'a toujours été chère ; mais de pareils ſentiments m'ont fait ajouter le reſpect à la tendreſſe. *Triſtan* n'arrivant point ; M. *Roméro*, après l'avoir attendu inutilement, arma un canot, & donna ordre de conduire Madame *Godin* à bord du bâtiment du Roi de Portugal, ſans s'arrêter en aucun endroit. Ce fut alors que le Gouverneur d'Omaguas, ſachant qu'elle deſcendoit le fleuve, & ne devoit mettre à terre nulle part, envoya un canot à ſa rencontre avec quelques rafraîchiſſemens.

Le Commandant Portugais, M. de *Rebello*, en ayant eu avis, fit armer une pirogue commandée par deux de ſes ſoldats, & munie de proviſions, avec ordre d'aller au devant de Madame *Godin*. Ils la joignirent au village de Pévas. Cet Officier, pour remplir plus exactement encore les ordres du Roi ſon maître, fit remonter avec beaucoup de peine ſon bâtiment, en doublant les rameurs, juſqu'à la Miſſion Eſpagnole de Loréto, où il la reçut à ſon bord. Elle m'a aſſuré que depuis ce moment juſqu'à Oyapok, pendant le cours d'environ mille lieues, rien ne lui manqua pour les commodités les plus recherchées, ni pour la chère la plus délicate, à quoi elle ne pouvoit s'attendre, ce qui n'a peut-être pas d'exemple dans une pareille navigation; provisions de vins & de liqueurs pour elle dont elle ne fait aucun usage, abondance de gibier & de poisson, au moyen de deux canots qui prenoient les devants de la galiote. M. le Gouverneur du Parà avoit envoyé des ordres dans la plupart des postes, & de nouveaux rafraîchissemens.

J'oubliois de vous dire que les souffrances de mon épouse n'étoient pas finies; qu'elle avoit le pouce d'une main en fort mauvais état Les épines qui y étoient entrées dans le bois, & qu'on n'avoit encore pu extirper, avoient formé un abcès; le tendon & l'os même étoient endommagés. On parloit de lui couper le pouce. Cependant à force de soins & de topiques, elle en fut quitte pour les douleurs de l'opération par laquelle on lui tira quelques esquilles à San-Pablo, & pour la perte du mouvement de l'articulation du pouce. La galiote continua sa route à la forteresse de *Curupa*, que vous connoissez à soixante lieues environ au-dessus du Parà. M. de *Martel*, Chevalier de l'Ordre de Christ, Major de la garnison du Parà, y arriva le lendemain par ordre du Gouverneur pour prendre le commandement de la galiote, & conduire Madame *Godin* au fort d'Oyapok. Peu après le débouquement du fleuve, dans un endroit de la côte où les courans sont très-violens (1), il perdit une de ses anchres; & comme il eût été imprudent de s'exposer avec une seule, il envoya sa chaloupe à Oyapok chercher du secours, qui lui fut aussi-tôt envoyé. A cette nouvelle je sortis du port d'Oyapok sur une galiotte qui m'appartenoit, avec laquelle j'allai croiser sur la côte à la rencontre du bâtiment que j'atteignis, le quatrieme jour, par le travers de Mayacaré;

(1) A l'embouchure d'une rivière, dont le nom Indien, corrompu à Cayenne, est le Carapa pourri.

& ce fut ſur ſon bord qu'après vingt ans d'abſence, d'alarmes, de traverſes & de malheurs réciproques, je rejoignis une épouſe chérie que je ne me flattois plus de revoir. J'oubliai dans ſes embraſſemens la perte des fruits de notre union dont je me félicite même, puiſqu'une mort prématurée les a préſervés du ſort funeſte qui les attendoit ainſi que leurs oncles dans les bois de Canelos, ſous les yeux de leur mere, qui n'auroit ſûrement pas ſurvécu à ce ſpectacle (1). Nous mouillâmes à Oyapok le 22 Juillet 1770. Je trouvai en M. de *Martel* un Officier auſſi diſtingué par ſes connoiſſances que par les avantages extérieurs. Il poſſède preſque toutes les langues de l'Europe, la latine même fort bien ; & pourroit briller ſur un plus grand théatre que le Parà. Il eſt d'origine Françoiſe, de l'illuſtre famille dont il porte le nom. J'eus le plaiſir de le poſſéder pendant quinze jours à Oyapok, où M. de *Fiedmond*, Gouverneur de Cayenne, à qui le Commandant d'Oyapok donna avis de ſon arrivé par un Exprès, dépêcha auſſi-tôt un bateau avec des rafraîchiſſemens. On donna au bâtiment Portugais une carène dont il avoit beſoin, & une voilure propre à remonter la côte contre les courans. M. le Commandant d'Oyapok donna à M. de *Martel* un pilote-côtier pour l'accompagner juſqu'à la frontière. Je me propoſois de le conduire juſques-là dans ma galiote ; mais il ne me permit pas de le ſuivre plus loin que le cap d'Orange. Je le quittai avec tous les ſentimens que m'avoient inſpirés ainſi qu'à mon épouſe les procédés nobles & les attentions fines qu'elle & moi avions éprou-

---

(1) Ma derniere fille étoit morte de la petite vérole dix-huit mois avant le départ de ſa mere, de Riobamba, âgée de dix-huit à dix-neuf ans. Elle étoit née trois mois après mon départ de la Province de Quito : & c'eſt par une de vos lettres de Paris que j'en reçus la nouvelle à Cayenne en 1752.

vés de cet Officier & de sa généreuse nation. J'y avois été préparé dès mon précédent voyage.

J'aurois dû vous dire plutôt, qu'en descendant l'Amazone l'année 1749, sans autre recommendation pour les Portugais, que le souvenir de la nouvelle que vous aviez répandue à votre passage en 1743, qu'un de vos Compagnons de voyage prendroit la même route que vous; je fus reçu dans tous les établissemens du Portugal par les Missionnaires & tous les Commandans des Forts, avec toute l'affabilité possible. J'avois fait en passant à San-Pablo l'acquisition d'un canot, sur lequel j'avois descendu le fleuve jusqu'au Fort de Curupa, d'où j'écrivis au Gouverneur du Grand Parà, M. *François Mendoza Gorjaô*, pour lui faire part de mon arrivée, & lui demander la permission de passer de Curupa à Cayenne, où je comptois me rendre en droiture. Il m'honora d'une réponse si polie, que je n'hésitai pas à quitter ma route, & à prendre un très-long détour pour l'aller remercier, & lui rendre mes devoirs. Il me reçut à bras ouverts, me logea, ne permit pas que j'eusse d'autre table que la sienne, me retint huit jours, & ne voulut pas me laisser partir avant qu'il ne partît lui-même pour Saint-Louis de Maranaô, où il alloit faire sa tournée. Après son départ je remontai à Curupa avec mon canot escorté d'un autre plus grand que m'avoit donné le Commandant de ce Fort pour descendre au Parà, qui, comme vous l'avez remarqué, est sur une grande rivière qu'on a pris mal à propos pour le bras droit de l'Amazone, avec laquelle la riviere de Parà communique par un canal naturel creusé par les marées, qu'on nomme Tagipuru. Je trouvai à Curupa une grande pirogue qui m'attendoit, armée par ordre du Gouverneur de Parà, commandée par un Sergent de la Garnison, & armée de quatorze rames, pour me conduire à Cayenne, où je me rendis par Macapa, en cotoyant la rive gauche de l'Amazone, jusqu'à son embouchure, sans faire comme vous le tour de la grande Isle de Joanes ou de Marajo. Après un pareil traitement reçu sans recommandation expresse, à quoi ne devois-je pas m'attendre depuis que S. M. T. F. avoit daigné donner des ordres précis pour expédier un bâtiment jusqu'à la frontiere de ses Etats, & destiné à recevoir ma famille pour la transporter à Cayenne ?

Je reviens à mon récit. Après avoir pris congé de M. *de Martel* sur le cap d'Orange avec toutes les démonstrations d'usage en pareil cas entre les marins, je revins à Oyapok d'où je me rendis à Cayenne.

Il ne me manquoit plus que d'avoir un procès que j'ai gagné bien inutilement. *Tristan* me demandoit le salaire que je lui avoit promis de 60 livres par mois. J'offris de lui payer dix-huit mois, qui étoient le tems au plus qu'auroit duré son voyage s'il eût exécuté sa commission. Un Arrêt du Conseil Supérieur de Cayenne, du 7 Janvier dernier, l'a condamné à me rendre compte de sept à huit mille francs d'effets que je lui avois remis, déduction faite de 1080 livres que je lui offrois pour dix-huit mois de salaire entre nous convenu. Mais ce malheureux, après avoir abusé de ma confiance, après avoir causé la mort de huit personnes, en comptant l'Indien noyé & tous les malheurs de mon épouse, après avoir dissipé tout le produit des effets que je lui avois confiés, restoit insolvable ; & je n'ai pas cru devoir augmenter mes pertes en le nourrissant en prison.

Je crois, Monsieur, avoir satisfait à ce que vous desiriez. Les détails où je viens d'entrer m'ont beaucoup coûté, en me rappellant de douloureux souvenirs. Le procès contre *Tristan* & les maladies de ma femme depuis son arrivée à Cayenne, qui n'étoient que la suite de ce qu'elle avoit souffert, ne m'ont pas permis de l'exposer plutôt que cette année à un voyage de long cours par mer. Elle eſt actuellement avec ſon pere dans le ſein de ma famille, où ils ont été reçus avec tendreſſe. M. de *Grandmaiſon* ne ſongeoit pas venir en France; il ne vouloit que remettre ſa fille à bord du bâtiment Portugais; mais ſe voyant dans un âge avancé, ſes enfans péris, pénétré de la plus vive douleur, il abandonna tout, & s'embarqua avec elle, chargeant ſon autre gendre, le Sr *Savala*, réſident auſſi à Riobamba, des effets qu'il y avoit laiſſé. Quelques ſoins que l'on ſe donne pour égayer mon épouſe, elle eſt toujours triſte: ſes malheurs lui ſont toujours préſens. Que ne m'a-t-il pas coûté pour tirer d'elle les éclairciſſemens dont j'avois beſoin pour les expoſer à mes Juges dans le cours de mon procès! Je conçois même qu'elle m'a tû, par délicateſſe, des détails dont elle voudroit perdre le ſouvenir, & qui ne pouvoient que m'affliger. Elle ne vouloit pas même que je pourſuiviſſe *Triſtan*, laiſſant encore agir ſa compaſſion, & ſuivant les mouvemens de ſa piété envers un homme ſi malhonnête & ſi injuſte.

FIN.

www.ingramcontent.com/pod-product-compliance
Ingram Content Group UK Ltd.
Pitfield, Milton Keynes, MK11 3LW, UK
UKHW021032260726
13994UKWH00005B/2102